랩 랩
WRAP
WRAP

WRAP WRAP

문인영 지음

b.read

만들기 쉬워도 맛있으면 좋겠다

이 책은 현장에서 시작됐어요. 저와 일도 하고 여행도 다녔던 출판사 대표님이 제가 촬영하다가 음식 위에 레몬즙을 쓱 뿌렸을 때, 배달 음식으로 점심을 먹으며 올리브를 곁들였을 때, 뭔가 살짝 더했을 뿐인데 훨씬 맛있어졌다며 신기해하셨어요.

그 말을 듣고 생각해보니 제가 워낙 지루한 걸 싫어해서, 음식도 똑같은 소스나 조합으로 먹기 보다는 이것저것 해보면서 새로운 걸 시도해보곤 하더라고요. 재료를 어떻게 조리하느냐에 따라 맛이 달라지지만 아주 쉽게는 재료의 맛과 식감을 고려해 다양하게 조합만 해도 음식 먹는 즐거움이 달라져요. 소스도 마찬가지예요. 쌈장에 레몬 껍질, 마요네즈에 다진 마늘을 조금 넣는 식으로 흔한 재료로도 얼마든지 맛에 포인트를 줄 수 있어요.

맛있은 음식은 우리를 즐겁게 하죠. 누구와 어떤 상황에 있든 음식이 맛있으면 슬슬 기분이 좋아지고 분위기가 따뜻해지잖아요. 그래서 저는 다이어트식도 일단 맛있어야 한다고 생각합니다. 젊었을 때(?)는 음식이 맛없어도 투덜거리면서 먹었는데, 지금은 맛없는 것으로 배를 채우는 것은 어쩐지 억울해서 차라리 남기곤 해요.

푸드 스타일링 일을 한 지 올해로 20년이 되었어요. 음식 관련 일을 하다 보니 다양한 식재료와 각종 신상품을 접할 기회가 많았고 여행도 출장도 자연스레 음식 주제로 흘러갔어요.

신상품 중에서 맛있었던 것, 유럽의 동네 맛집에서 먹었던 메뉴, 미쉐린 셰프의 쿠킹 클래스에서 배웠던 것을 떠올리며 맛있는 조합을 만들어 봤습니다.

이 책에 소개한 랩은 솜씨가 없어도 멋지게 차려낼 수 있어요. 굳이 스타일링이 필요 없는 메뉴랄까요?(웃음) 차곡차곡 또는 모조리 넣고 감싸면 겉은 말끔해지니까요. 만일 싸는 것도 부담스럽다면 겉 재료와 속 재료를 따로 내는 방법도 있어요. 마치 월남쌈을 내듯이 말이죠.

맛있는 건 먹고 싶지만 열심히 요리하기는 싫은 저의 소망을 담아 심플한 레시피를 위주로 소개했습니다. 한 끼가 되는 랩부터 와인 안주, 저칼로리 메뉴, 간식, 디저트까지 다양한 맛의 즐거움을 누리시기를 바라봅니다.

2023년 6월
문인영

Contents

0
랩의 기술

이렇게 랩하면
더 맛있어요

다양한 식감을 섞어요

부드럽고 도톰한 양배추에는 탱글한 새우를, 얇은 잎채소에는 고기를 넣는 식으로, 또는 버섯이나 찐 감자처럼 부드러운 재료에 아삭한 오이나 당근, 오징어처럼 쫄깃하거나 씹히는 맛이 있는 재료를 함께 넣는 식으로 텍스처의 레이어를 쌓아보세요.

잎채소 잘 익히기

채소를 찔 때 찜통에 김이 오르면 중불로 줄여야 해요. 센불에서 찌면 채소가 너무 물러지거든요. 양배추는 8~12분, 케일이나 근대 같은 잎채소는 1~2분 찌면 돼요.

두 가지 맛을 섞어보세요

단맛과 신맛, 짠맛과 단맛, 매운맛과 고소한맛 등 최소 두 가지 이상의 맛을 함께 섞어보세요. '단짠단짠'이나 고소하면서도 살짝 느끼한 돼지 고기에 고추장을 매치하는 것을 생각하면 쉬워요.

기본 소스에 하나 더하기

고추장에 레몬즙을 듬뿍 넣는다든지, 마요네즈에 레드페퍼, 땅콩버터에 간장을 넣는 식으로 기본 소스에 상큼하거나 개운한 맛, 감칠맛을 더해보세요.

향이나 맛으로 임팩트를

굵은 후춧가루나 크러시드 레드 페퍼만으로도 포인트가 됩니다. 고수나 깻잎처럼 향이 있는 재료를 넣는 것도 방법이에요. 재료가 밋밋할 때는 할라페뇨를, 새콤달콤한 유부에는 쌉싸래한 루콜라나 향긋한 깻잎을 넣는 식이죠.

마지막에 올리브 오일을

랩할 때 재료를 올리고 마지막에 올리브 오일을 두르면 마치 윤활유처럼 재료들이 잘 어우러져요. 각종 샐러드 재료나 토마토, 안초비 등 이탈리아 식재료는 물론이고 아삭한 채소, 퍽퍽한 닭가슴살, 나물 등과도 잘 어울려요. 특유의 풀 향기가 나거나 매콤한 맛이 있는 올리브 오일은 풍미를 더해줍니다.

흔한 양배추로
랩하기

① 사각형으로 자르기
양배추를 도마에 놓고 윗부분에 사각 모양으로 칼집을 내 잘라 씻은 후 찌세요. 이렇게 자르면 가운데 부분이 네모난 모양으로 잘라져 랩하기가 훨씬 쉬워요.

② 심을 가로로 놓고 말아요
심이 짧고 이파리가 길 경우 심을 가로로 놓고 말아보세요. 다 말았을 때 잎 부분이 겉을 감싸면서 모양을 잡아줘 예쁘게 말아져요.

③ 심이 중앙에 있을 때
심을 세로로 넣고 두꺼운 부분부터 말아 속으로 들어가게 하세요.

④ 결 모양대로 말기
양배추는 다른 잎채소보다 도톰하지만 쪄서 쓰면 생채소보다 랩하기가 편해요. 부드러운 결만 있을 때는 어떻게 싸도 랩이 쉬워요. 양 끝을 접은 후 결 모양을 살려서 말아요.

⑤ 두꺼운 심은 깎아내요
양배추를 보면 희고 두꺼운 심 부분이 있어요. 이 부분을 칼로 포 뜨듯 깎아내 얇게 만들면 말기가 한결 편해요. 양배추 잎이 넓다면 굵은 부분을 아예 잘라내고 쓰세요.

12

이렇게 싸면
쉬워요

① 폭이 좁은 잎은 겹쳐서
폭이 좁은 잎은 끝부분을 조금씩 겹쳐서 두세 장을 같이 쓰세요. 이렇게 하면 단단하게 말아져 랩의 모양도 예뻐요.

② 큰 채소는 부위를 나눠서
크기가 큰 채소는 단단한 부분과 부드러운 부분으로 구분해 부드러운 이파리 부분은 싸는 용도로 쓰고 단단한 줄기 부분은 채 썰거나 다져 속 재료에 섞어 넣어보세요. 채소를 아낌없이 쓸 수 있고, 속 재료에 아삭하게 씹히는 맛을 더할 수도 있어요.

③ 굵은 줄기는 잘라내거나 얇게 만들기
잎채소의 굵은 줄기는 말거나 접을 때 뻣뻣하고 질겨서 맛을 방해해요. 케일처럼 줄기가 굵은 잎채소는 줄기를 칼로 저며 얇게 만들어 쓰세요.

④ 유부는 주머니처럼 만들기
유부는 유부초밥처럼 반으로 자르면 속을 넣기 어려워요. 윗부분에 가위집을 내 주머니처럼 만들어 속을 채워 접어주세요.

⑤ 잎채소 줄기는 안으로
줄기가 있는 잎채소는 줄기를 먼저 말아 넣고 잎사귀로 부드럽게 감싸면 모양 잡기가 쉬워요.

⑥ 소스는 되직하게
소스가 묽으면 만들거나 모양 내기가 쉽지 않고, 자르거나 베어 물 때도 국물이 흘러 먹기가 불편해요.

⑦ 흩어지는 재료는 정돈해 싸기
콜리플라워 라이스나 찰기 없는 곡물 등의 흩어지는 재료는 소스를 바르고 올리거나 해당 재료 위에 납작한 재료를 올려 고정하면 싸기가 쉬워요. 예를 들면 밥 위에 고기를 올리고 감싸는 거죠.

이런 재료로
감싸보세요

적근대

줄기가 붉은색인 적근대는 랩을 했을 때 빨간색이 포인트가 되어 예뻐요. 살짝 찌면 부드러워 먹기가 좋고, 약간 매운맛도 있어서 삼겹살처럼 기름지거나 느끼한 재료와 매치하면 잘 어울려요.

깻잎

깻잎은 쌈으로 많이 먹는 채소인데 특유의 향이 맛을 돋워요. 데친 채소나 다른 잎채소 위에 올려 깻잎 향을 더해보세요.

냉동 생지

주로 크루아상 모양으로만 만드는 냉동 생지를 랩 재료로도 활용해보세요. 두께가 반으로 얇아지도록 밀대로 밀면 원하는 재료를 넣어 편하게 쌀 수 있고, 피가 얇아서 속 재료와의 맛 밸런스도 좋답니다.

크레페

시판 크레페는 얇고 고소하고 버터 맛이 진하게 나서 뭘 싸도 맛있어요. 마른 팬에 살짝 데워 쓰면 됩니다.

포두부

납작하고 크게 나온 두부 포는 랩을 만들기에 적합해요. 시판 제품 중에 두께가 얇은 것을 선택해야 씹을 때 부담스럽지 않고 다른 재료와 맛의 어울림도 좋아요.

유부

유부는 양념해 쓰면 그것만으로 맛있는 겉 재료지요. 유부 가운데에 십자로 칼집을 넣어 펼친 후 재료를 올려 오므리거나 한쪽 끝부분만 잘라 주머니처럼 만들어 재료를 채우고 위를 접어주세요.

이런 재료를
더해보세요

레몬

고추장에 레몬즙을 넣는 것만으로도 텁텁한 맛이 사라지고 맛의 포인트가 돼요. 레몬제스트를 추가로 넣어도 좋아요.

바질

시판 바질 페스토만 사용해도 좋지만 바질잎을 굵게 다져서 씹히는 맛을 주면 더 싱그러워요.

율무, 귀리

식감이 독특한 곡물을 더하면 식감이 특별해져요. 율무는 약간 텁텁하지만 톡톡 터지는 맛이 좋고, 귀리는 쫄깃하고 꼬들꼬들한 맛이 좋아요.

생강

가볍게 절인 생강절임은 돼지고기나 닭고기가 들어간 다양한 랩에 활용하기 좋아요.

콜리플라워 라이스

곤약 면과 콜리플라워 라이스는 칼로리가 낮고, 씹히는 질감이 있어 랩에 다양한 식감을 줄 수 있어요. 콜리플라워 라이스는 낱낱이 흩어지므로 소스를 버무려서 랩하세요.

한 통 사두면
랩 맛이 달라져요

올리브절임

브랜드나 올리브 종류에 따라 짠맛, 신맛, 무른
정도가 조금씩 달라요. 씨를 제거한 제품으로
고르세요. 랩 속에 넣으면 통 올리브가 씹힐 때
터지는 맛이 매력적이에요.

할라페뇨

할라페뇨의 매콤하고 새콤한 맛은 고기와의
어울림이 특히 좋고, 단맛이 있는 채소와도
잘 어울려요. 할라페뇨 대신 고추장아찌를 활용
해도 괜찮습니다.

케이퍼

케이퍼는 새콤하면서 짭짤한 맛이 나요.
케이퍼의 풍미는 입안을 개운하게 해주기도
하고, 비린 맛을 상쇄시켜주기도 해서
고기와 해물 모두 잘 어울려요.

안초비

짭짤하고 감칠맛이 있는 안초비는 오일에
재워져 있어 다른 재료와 어울림이 좋아요.
밋밋한 재료들을 넣을 때 특별한 소스 없이도
맛을 낼 수 있어요.

스리차차 칠리소스
스리라차 소스와 칠리소스를 섞은 소스예요.
칠리소스만 사용해도 좋지만 두 가지가 섞인
소스는 동서양의 매운맛이 어우러져 색다른
맛을 즐길 수 있어요.

크런키 땅콩버터
땅콩 조각이 들어 있는 크런키 땅콩버터는
씹히는 맛이 있어 더욱 고소해요. 간장을 섞어
짠맛을 더하거나 조청이나 물엿을 섞어 단맛을
더해 활용해도 좋아요. 쌈장을 만들 때 섞으면
고소한 맛을 가미할 수 있어 좋습니다.

튜브 명란
명란은 일일이 껍질을 벗겨서 살만 발라내는 게
사실 좀 귀찮아요. 튜브에 담긴 명란을 쓰면
깔끔하고 쉽게 요리할 수 있어요.

호스래디시 마요네즈
매콤하고 쨍한 맛이 있어 우리 입맛에 잘 맞아요.
해산물, 고기, 채소 등 어떤 재료의 랩에도
두루 어울려요.

베트남 스타일로
케일＋새우＋버미첼리
＋채소＋땅콩 소스

아삭한 채소와 부드러운 면, 탱글탱글한 새우,
고소한 땅콩 소스의 조합이에요.
채소는 취향에 따라 양배추, 양상추 등의 부드러운 잎채소나
당근, 양파, 피망 등을 더해도 좋아요.

● 케일 10장
　케테일 새우 20마리
　버미첼리 50g
　빨강·노랑 파프리카 1개씩
　오이 1개
　고수 약간
　땅콩 소스(땅콩버터 4큰술, 물엿 2큰술, 땅콩 분태 2큰술,
　간장 1큰술)

●● **케일** 굵은 줄기를 제거한 후 김이 오른 찜기에 중불로
　1분간 찐다.
　칵테일 새우 데쳐서 준비한다.
　버미첼리 찬물에 20분간 불렸다가 끓는 물에 30초간
　데친 후 체에 밭쳐 물기를 뺀다.
　파프리카, 오이 씨를 제거하고 곱게 채 썬다.
　땅콩 소스 분량의 재료를 모두 골고루 섞는다.

Wrap　케일 위에 채 썬 채소와 땅콩 소스, 새우 2마리,
　버미첼리를 올린 후 고수를 얹어 감싼다.

바질과 청양고추
배추 + 새우 + 버섯
+ 바질 페스토

바질 페스토는 질감이 씹히도록 성글게 갈아주면 씹을 때
풍미가 배가됩니다. 그 풍미 덕분에 배추 줄기의 도톰한
부분도 싱겁지 않게 느껴져 맛있게 먹을 수 있어요.

- 배춧잎 8장
  칵테일 새우 16마리
  맛타리버섯 100g
  청양고추 2개
  올리브 오일 적당량
  소금·후춧가루 약간씩
  바질 페스토(바질 40g, 파르메산 치즈 40g, 마늘 10쪽,
  잣 50g, 레몬 1/2개, 올리브 오일 4큰술, 소금 1/4작은술)

●● **배춧잎** 김이 오른 찜기에 중불로 3분간 찐다.
  칵테일 새우, 버섯 올리브 오일을 두른 팬에 소금,
  후춧가루를 뿌려 각각 굽는다.
  청양고추 얇게 송송 썬다.
  바질 페스토 잣은 프라이팬에 노릇하게 볶는다.
  레몬은 칼이나 필러로 겉껍질을 벗기고, 속껍질은 벗겨내
  과육만 발라낸다. 레몬 겉껍질과 과육, 그 외 모든 재료를
  믹서에 넣고 굵게 간다.

Wrap 배추 위에 바질 페스토 1큰술을 올린 후 새우 2마리와
  버섯을 놓고 청양고추를 올려 감싼다.

감자와 새우의 만남

양배추 + 감자 + 새우
+ 가쓰오부시

오코노미야키의 조합을 활용한 랩.
양배추와 감자의 폭신함, 마요네즈의 부드러움,
새우의 탱글함이 조화를 이루고,
돈가스 소스와 가쓰오부시가 감칠맛을 더해요.

● 양배춧잎 8장
감자 1개
칵테일 새우 16개
마요네즈 4큰술
돈가스 소스 4큰술
실파 2대
가쓰오부시 적당량

●● **양배추** 심을 제거한 후 손바닥 크기로 썰어 김이 오른
찜통에 중불로 8~12분간 찐다.
감자 껍질을 벗겨 웨지 모양으로 썰고, 소금을 넣은 물에
부드럽게 삶는다.
새우 끓는 물에 데친 후 체에 밭쳐 물기를 뺀다.
실파 송송 썬다.

Wrap 양배추 위에 마요네즈 1/2큰술을 놓고 감자 1쪽,
새우 2개, 돈가스 소스 1/2큰술을 올린 후
실파와 가쓰오부시를 적당히 얹어 감싼다.

개운한 생강쌈장
쌈추 + 깻잎 + 밥 + 항정살
+ 생강쌈장

생강과 깻잎 향이 돼지고기 잡내를 없애고,
항정살의 고소하면서도 톡톡 터지는 식감이
잘 어우러지는 랩이에요.

- 쌈추 16장
  깻잎 16장
  밥 1공기
  항정살 300g
  소금·후춧가루 약간씩
  생강쌈장(된장 2큰술, 고추장 2큰술, 생강 2cm,
  들기름 2작은술)

●● **쌈추** 김이 오른 찜통에 중불로 1분간 찐다.
  항정살 소금과 후춧가루로 밑간한 후 겉은 바삭하고
  속은 촉촉하게 익힌다.
  생강쌈장 생강을 강판에 곱게 갈고 나머지 생강쌈장
  재료와 골고루 섞는다.

Wrap 쌈추 위에 깻잎을 깔고 밥과 항정살을 올린 후
  쌈장을 바른다. 먹기 좋게 감싼 다음 적당한 크기로 자른다.

잠봉 넣은 랩

양배추 + 잠봉 + 달걀 + 부추

양배추, 달걀 등 마일드한 재료에 잠봉으로 포인트를
줬어요. 마일드한 재료들을 쌀 때, 또는 특별한 소스가
없을 때 호스래디시 마요네즈를 넣어보세요.

● 양배춧잎 8장
　　잠봉 2장
　　달걀 2개
　　소금 · 후춧가루 약간씩
　　부추 2줄기
　　호스래디시 마요네즈 적당량
　　굵은 후춧가루 약간

●● **양배추** 데쳐서 준비한다.
　　 잠봉 4등분한다.
　　 달걀 소금과 후춧가루를 넣고 밑간해 곱게 풀어 지단을
　　만든 후 잠봉과 비슷한 폭으로 썬다.
　　 부추 잠봉 폭에 길이를 맞춰 썬다.

Wrap 양배춧잎 위에 잠봉을 놓고 달걀지단과 부추를 올려서
　　돌돌 만 후 굵은 후춧가루를 뿌린다. 취향에 따라
　　호스래디시 마요네즈나 갈릭 마요네즈를 곁들인다.

이탈리안 스타일

양배추 + 모차렐라 치즈
+ 토마토 + 가지 + 버섯 + 바질

부드럽게 익은 채소와 폭신폭신한 치즈,
바질 향이 어우러져 가벼우면서도 깊은 맛이 나요.
바질을 많이 넣어도 좋아요.

● 양배춧잎 8장
프레시 모차렐라 치즈 1덩이(125g)
토마토 1개
가지 1/2개
참타리버섯 100g
바질잎 20장
올리브 오일 적당량
소금 · 후춧가루 약간씩

●● **양배추** 심을 제거한 후 손바닥 크기로 썰어
김이 오른 찜통에 중불로 8~12분간 찐다.
모차렐라 치즈, 토마토 손가락 굵기로 길쭉하게 썬다.
가지, 참타리버섯 소금과 후춧가루를 뿌려 올리브 오일에
볶는다.

Wrap 양배추 위에 준비한 모든 재료를 고루 올리고
바질과 올리브 오일을 뿌린 뒤 감싼다.

쌈장에 레몬을

양배추 + 삼겹살 + 쑥갓
+ 레몬쌈장

레몬 껍질을 씹을 때 느껴지는 새콤함이 삼겹살의
느끼함을 잡아주고, 향긋한 쑥갓 향이 더해져
깊은 맛이 어우러져요.

● 양배춧잎 8장
삼겹살 300g
쑥갓 4줄기
소금·후춧가루 약간씩
레몬쌈장(레몬 껍질 1개분, 고추장 2큰술, 된장 2큰술,
다진 마늘 1/2작은술, 참기름 1큰술, 생강청 1큰술)

●● **양배추** 심을 제거한 후 손바닥 크기로 썰어 김이 오른
찜통에 중불로 8~12분간 찐다.
삼겹살 소금과 후춧가루를 뿌려 구운 후 손가락 굵기로 썬다.
쑥갓 4cm 길이로 썬다.
레몬쌈장 깨끗이 씻은 레몬 껍질을 필러를 이용해
손톱 크기로 얇게 벗긴다. 나머지 쌈장 재료와 고루 섞는다.

Wrap 양배추 위에 쑥갓 1/2줄기, 삼겹살 2조각,
레몬쌈장 1/2큰술을 올려 감싼다.

중동 스타일로
케일＋후무스＋레몬＋셀러리

후무스의 부드러우면서도 고소한 맛은
아삭하고 향이 진한 채소들과 잘 어울리죠.
후무스에는 레몬을 넣어 콩의 텁텁한 맛을 상쇄시켜주세요.

● 케일 20장
셀러리 1대
당근 1개
토마토 1개
후무스(병아리콩 통조림 200g, 레몬 2개, 올리브 오일 4큰술,
마늘 4쪽, 소금 약간)

●● **케일** 굵은 줄기를 제거한 후 김이 오른 찜기에 중불로
1분간 찐다.
셀러리 어슷하고 얇게 썬다.
당근 곱게 채 썬다.
토마토 웨지 모양으로 썬다.
후무스 병아리콩 통조림은 물기를 뺀다. 레몬은 겉껍질을
칼이나 필러로 벗기고, 속껍질은 벗겨내 과육만 발라낸다.
레몬 겉껍질과 과육, 그 외 모든 재료를 믹서에 넣어 곱게
간 후 소금으로 간한다.

Wrap 케일 위에 후무스를 넓게 바른 후 셀러리, 당근, 토마토를
올려 감싼다.

칼로리 낮추기
양배추 + 닭가슴살 + 당근라페
+ 사과

부드러운 닭가슴살에 당근과 사과의 달큼한 맛이
어우러지는 쌈이에요. 당근라페는 수분감을 덜어낼수록
아삭한 맛이 살아납니다.

- 양배춧잎 8장
  닭가슴살 2조각(300g)
  사과 1/2개
  마늘 2쪽
  당근라페(당근 2개, 소금 약간, 올리브 오일 4큰술, 홀그레인
  머스터드 2큰술, 소금 1/2작은술, 굵은 후춧가루 1/2작은술,
  레몬즙 1개분, 레몬 껍질 1개분)

●● **양배추** 심을 제거한 후 손바닥 크기로 썰어 김이 오른
찜통에 중불로 8~12분간 찐다.
닭가슴살 마늘과 함께 끓는 물에 데친 후 굵게 찢어
준비한다. 마늘을 넣지 않고 삶아도 된다.
사과 껍질째 채 썬다.
당근라페 당근은 곱게 채 썰어 소금을 뿌려 30분간 재운
후 물기를 최대한 짠다. 레몬은 깨끗이 씻어 껍질을 필러로
얇게 벗긴다. 채 썬 당근에 나머지 당근라페 재료를 모두
넣고 골고루 섞어 맛이 배도록 한 뒤 차게 보관한다.

Wrap 양배추 위에 닭가슴살과 당근라페, 사과를 양껏 올려
감싼다.

②
두부와 달걀

명란과 마요네즈

포두부 + 명란 + 고추
+ 갈릭 마요네즈

밥을 더해 든든하게 싸 먹어도 좋고, 명란 대신 참치 캔을
넣어도 어울려요. 가벼운 술안주로도 좋은 랩이에요.
갈릭 마요네즈는 시판 제품도 있지만 집에서 간단하게
만들 수 있어요.

포두부 10X10cm 12장
명란(튜브에 담긴 것, 또는 알만 바른 것) 40g
양배추 1장
청양고추 2개
갈릭 마요네즈(마요네즈 4큰술, 다진 마늘 2큰술,
올리브 오일 약간)

포두부 냉동 상태의 포두부는 해동한다. 끓는 물에 3초간
데친 후 물기를 뺀다.
양배추 양배추는 3cm 폭으로 자른 후 채 썬다.
청양고추 얇게 송송 썬다.
갈릭 마요네즈 올리브 오일을 두르고 다진 마늘을 볶아
식힌 후 마요네즈와 골고루 섞는다.

Wrap 포두부 위에 명란을 올린 후 갈릭 마요네즈, 채 썬 양배추,
청양고추를 놓고 감싼다.

아삭하고 쫄깃한

포두부 + 양배추 콜슬로
+ 베이컨 + 크러시드 레드 페퍼

아삭한 콜슬로와 쫄깃한 포두부의 어울림이 좋아요.
자색 양배추를 사용하면 색다른 비주얼을 보여줄 수 있는데,
손님이 온다면 두 가지 양배추를 각각 만들어 세팅하는
것도 추천합니다.

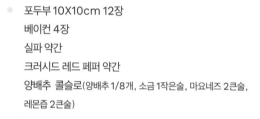

포두부 10X10cm 12장
베이컨 4장
실파 약간
크러시드 레드 페퍼 약간
양배추 콜슬로(양배추 1/8개, 소금 1작은술, 마요네즈 2큰술,
레몬즙 2큰술)

포두부 냉동 상태의 포두부는 해동한다. 끓는 물에 3초간
데친 후 물기를 뺀다.
베이컨 1cm 정도 폭으로 굵게 썰어 달군 팬에 기름 없이
바삭하게 볶는다.
실파 송송 썬다.
양배추 콜슬로 양배추를 곱게 채 썰어 소금을 뿌려
버무린 후 30분간 재웠다가 물기를 뺀다.
마요네즈, 레몬즙을 넣고 골고루 섞는다.

Wrap   포두부 위에 양배추 콜슬로를 2큰술 올린 후
베이컨과 실파, 크러시드 레드 페퍼를 얹어 감싼다.

호두 넣은 쌈장
포두부 + 볶은 버섯 + 호두쌈장

포두부에 고소한 견과류 쌈장을 곁들인 담백한 랩이에요.
견과류와 버섯은 좋아하는 종류로 바꿔도 되고,
채소를 더해도 좋아요. 채소는 물기가 생기지 않도록
꼬들꼬들하게 볶아 넣으세요.

포두부 10X10cm 12장
맛타리버섯 100g
양송이버섯 2개
올리브 오일 약간
소금 · 후춧가루 약간씩
청양고추 2개
고수 약간
호두쌈장(호두 8알, 된장 1큰술, 고추장 1큰술, 참기름 1큰술)

포두부 냉동 상태의 포두부는 해동한다. 끓는 물에 3초간
데친 후 물기를 뺀다.
맛타리버섯, 양송이버섯 맛타리버섯은 2~3cm 길이로
썰고, 양송이버섯은 0.2~0.3cm 두께로 슬라이스해
올리브 오일을 두른 팬에 소금, 후춧가루를 뿌려 볶는다.
청양고추 송송 썰어 준비한다.
호두쌈장 호두를 굵게 부숴 달군 팬에 기름 없이
노릇하게 볶은 후 나머지 재료와 골고루 섞는다.

Wrap 포두부 위에 볶은 버섯과 호두쌈장, 청양고추, 고수를
올린 후 감싼다.

멸치볶음에 바질을
유부 + 새송이버섯
+ 멸치볶음 + 밥

멸치볶음과 바질은 의외로 잘 어울려요. 바질을 깻잎으로
대체해도 좋고, 견과류가 섞인 멸치볶음을 사용해도 좋아요.
새송이버섯은 쫄깃한 식감을 살려주는데, 대신 팽이버섯을
짧게 잘라 볶아 넣어도 좋습니다.

유부 8장
간장 1큰술
설탕 1큰술
물 1컵
새송이버섯 1/2개
올리브 오일 약간
소금 · 후춧가루 약간
멸치볶음 8큰술
밥 1공기
바질잎 12장
참기름 · 통깨 · 소금 약간씩

유부 모서리에 가위를 찔러 넣어 한쪽 가장자리를 잘라서
벌린 후 끓는 물에 데친 다음 물기를 살짝 뺀다. 팬에 분량의
간장, 설탕, 물을 넣고 유부를 살짝 조린 후 체에 밭쳐 촉촉
할 정도로만 물기를 뺀다.
새송이버섯 유부보다 약간 작게 잘라 소금, 후춧가루를
뿌려 올리브 오일을 두른 팬에 볶는다.
멸치볶음 + 밥 + 바질 멸치볶음과 밥, 채 썬 바질잎, 참기름,
통깨, 소금을 넣고 비빈다.

Wrap 유부 속에 새송이버섯을 담고 밥을 넣은 후
벌어진 면을 접는다.

라사냐 스타일 랩
포두부 + 토마토 라구
+ 모차렐라 치즈

밀가루를 사용하지 않은 라사냐 스타일 랩이에요.
다진 쇠고기 대신 유부나 물기 짠 두부, 비건 치즈 또는
닭가슴살을 넣어도 돼요. 올리브 오일을 둘러 구우면
포두부의 바삭한 질감을 즐길 수 있어요.

포두부 20X20cm 2장
프레시 모차렐라 치즈 1덩이(125g)
바질잎 10장
올리브 오일 적당량
굵은 후춧가루 약간
토마토 라구(토마토소스 250g, 다진 쇠고기 100g,
양파 1/4개, 다진 마늘 1큰술, 올리브 오일 2큰술, 월계수잎 1장,
소금·굵은 후춧가루 약간씩)

포두부 냉동 상태의 포두부는 해동한다. 끓는 물에 3초간
데친 후 물기를 뺀다.
모차렐라 치즈 1cm 두께로 썬다.
토마토 라구 달군 팬에 올리브 오일을 두른 후 굵게 다진
양파와 다진 마늘을 넣고 볶다가 다진 쇠고기를 넣고 소금,
후춧가루로 간하여 볶는다. 쇠고기가 익어 색이 달라지면
토마토소스, 월계수잎을 넣고 뭉근하게 푹 끓인다.

Wrap 포두부 위에 토마토 라구를 듬뿍 올린 후 모차렐라 치즈를
얹고 바질, 굵은 후춧가루를 뿌린 후 감싼다.
겉면에 올리브 오일을 발라 185℃로 예열한 오븐에서
노릇해질 때까지 15분 정도 굽는다.

밥 없는 유부초밥

유부 + 오이 + 우엉조림
+ 청양고추

유부는 유부초밥을 만들 때보다는 간을 약하게 하고,
밑간만 배도록 조리세요. 짜지 않아야 부담 없이
즐길 수 있어요.

유부 8장
간장 1작은술
설탕 1작은술
물 1컵
오이 1개
청양고추 2개
올리브 오일 적당량
통깨 약간
우엉조림(우엉 20cm, 간장 3큰술, 설탕 2큰술, 참기름 1큰술)

유부 대각선 십자로 가위집을 내어 펼친 후 끓는 물에 데친
다음 물기를 살짝 뺀다. 팬에 간장, 설탕 1작은술씩과 물을
넣고 끓으면 유부를 넣어 살짝 조린 후 체에 밭쳐 촉촉할 정
도로만 물기를 뺀다.
오이 반으로 갈라 가운데 씨를 제거하고 3cm 길이로
채 썬다.
청양고추 송송 썬다.
우엉조림 우엉은 껍질을 벗기고 곱게 채 썬다. 올리브 오일을
두른 팬에 볶아 반투명해지면, 분량의 간장, 설탕을 넣고
맛이 배도록 조린 후 참기름을 둘러 마무리한다.

Wrap 유부 위에 오이와 우엉조림을 올리고 청양고추를 얹어
감싼다.

루콜라로 포인트
유부＋연근피클＋맛타리버섯
＋루콜라

버섯의 쫄깃함과 피클의 아삭하고 새콤한 맛의 어우러짐.
연근피클 대신 다른 피클이나 새콤한 맛이 있는 장아찌를
넣어도 좋아요. 하지만 루콜라는 유부의 기름진 맛을
깔끔하게 잡으니까 빼지 마세요.

유부 8장
간장 1작은술
설탕 1작은술
물 1컵
맛타리버섯 50g
올리브 오일 약간
소금·후춧가루 약간씩
루콜라 40g
연근피클(연근 10cm, 설탕 1큰술, 식초 2큰술, 소금 1/4큰술)

유부 대각선으로 가위집을 내어 펼친 후 끓는 물에 데친
다음 물기를 살짝 뺀다. 팬에 간장, 설탕 1작은술씩과
물을 넣고 끓이다가 살짝 조린 후 체에 밭쳐 촉촉할 정도로만
물기를 뺀다.
맛타리버섯 3cm 길이로 썰어 올리브 오일을 두른 팬에 볶
은 후 소금과 후춧가루로 간한다.
연근피클 연근은 껍질을 벗긴 후 길게 가른 후 최대한 얇게
편으로 썰어 끓는 물에 데친다. 분량의 설탕, 식초, 소금을
넣어 30분간 재운다.

Wrap 유부를 벌려 연근피클을 하나 넣고 버섯을 채운 후
연근피클을 다시 올린 다음 루콜라를 넣는다.

채소 주머니

유부 + 아삭한 채소
+ 호스래디시 마요네즈

아주 간단하게 만들 수 있는 핑거 푸드 랩이에요.
단단하고, 아삭한 채소라면 무엇이든 활용할 수 있어요.
고추냉이 마요네즈나 간장 마요네즈 등 다른 종류의
마요네즈를 넣어도 좋아요.

유부 8장
간장 1작은술
설탕 1작은술
물 1컵
당근 1/4개
브로콜리 1/8개
호스래디시 마요네즈 8작은술

유부 모서리에 가위를 찔러 넣어 한쪽 가장자리를 잘라서
벌린 후 끓는 물에 데친 다음 물기를 살짝 뺀다. 팬에 분량의
간장과 설탕, 물을 넣고 살짝 조린 후 체에 받쳐 촉촉할
정도로만 물기를 뺀다.
당근, 브로콜리 당근은 얇게 슬라이스하고, 브로콜리는
송이마다 잘라 편으로 썬다. 끓는 소금물에 각각 데친다.

Wrap 유부 속에 당근, 브로콜리를 넣고, 호스래디시 마요네즈
1큰술을 넣은 후 벌어진 면을 접는다.

카나페처럼

유부 + 오이 + 새우 +
스리라차 칠리소스

유부 쌈은 속 재료가 안 보여서 궁금증을 자아내는
재미가 있어요. 손질이 되어 있어 간편한 칵테일 새우는
데치면 부드럽지만 다소 밍밍하기 때문에 유부에는
볶아 넣는 것이 더 잘 어울려요.

유부 8장
간장 2작은술
설탕 2작은술
물 1컵
오이 1개
칵테일 새우 24마리
올리브 오일 약간
소금 · 후춧가루 약간씩
스리라차 칠리소스 4큰술

유부 대각선 십자로 가위집을 내어 펼친 후 끓는 물에 데친
다음 물기를 살짝 뺀다. 팬에 분량의 간장, 설탕, 물을 넣고
살짝 조린 후 체에 밭쳐 촉촉할 정도로만 물기를 뺀다.
오이 얇게 송송 썬다.
새우 오일을 두른 팬에 소금과 후춧가루를 더해 볶는다.

Wrap 유부 가운데에 오이 조각 2개를 깔고 스리라차 칠리소스를
바른 후 새우 3마리를 올린다. 네 귀퉁이를 접고 소스를
약간 바른 다음 오이를 올려 장식한다.

밥 대신 콜리플라워

달걀지단 + 명란
+ 콜리플라워 라이스
+ 호스래디시 마요네즈

콜리플라워 라이스는 밥 대신 활용할 수 있는 저열량 식재료로, 맛이 순해서 자극적인 재료들과 함께 먹기 좋아요. 데우기만 하면 되니까 사용하기 간편하고요.

달걀 8개
명란 4큰술
콜리플라워 라이스 1공기
호스래디시 마요네즈 4큰술
실파 2대
올리브 오일 약간
소금·검은깨 약간씩

달걀 소금을 약간 넣어 곱게 푼 후 올리브 오일을 살짝 두른 팬에 도톰하게 지름 25cm 정도의 지단 2장을 부친다. 각기 4등분한다.
명란 껍질을 벗기고 알만 바른다.
콜리플라워 라이스 전자레인지에 따뜻하게 데운다.
실파 송송 썬다.

Wrap 달걀지단 위에 명란 1/2큰술을 바르고 호스래디시 마요네즈 1/2큰술, 콜리플라워 라이스 1큰술을 차례로 올린 후 실파와 검은깨를 뿌린 다음 삼각형이 되도록 접는다.

중식 스타일로
달걀지단 + 파볶음밥 + 새우
+ 고수 + 스리라차 칠리소스

파볶음밥에 들기름을 넣어 풍미를 더했어요.
시판 볶음밥을 활용하거나 집에서 간단하게 볶음밥을
만들어 넣어도 좋아요. 스리라차 칠리소스 대신 달달한
칠리소스도 잘 어울립니다.

달걀 8개
밥 1공기
실파 1대
들기름 2큰술
올리브 오일 1큰술
칵테일 새우 16마리
다진 마늘 2작은술
스리라차 칠리소스 8작은술
고수 약간
소금·후춧가루 약간씩

달걀 소금을 약간 넣어 곱게 푼 후 올리브 오일을 살짝
두른 팬에 도톰하게 지름 25cm의 지단 2장을 부친다.
각기 4등분한다.
파볶음밥 파는 굵게 다진 후 들기름 2큰술과 올리브 오일
1큰술을 두른 팬에 볶는다. 파 향이 나면 밥을 넣고
고슬고슬하게 볶아 소금, 후춧가루로 간한다.
새우 올리브 오일을 약간 두른 팬에 다진 마늘과 함께
볶는다.

Wrap   달걀지단 위에 파볶음밥 1큰술을 올린 후 새우 2마리와
고수를 올리고 스리라차 칠리소스 1작은술을 더한 다음
삼각형이 되도록 접는다.

③
김치

반찬 활용하기
묵은지 + 깻잎 + 오징어
+ 무말랭이 + 김자반

무말랭이는 양념해서 숙성시킬수록 깊은 맛이 나요.
오징어 대신 낙지, 주꾸미도 괜찮고, 깻잎 대신
부추, 미나리도 잘 어울려요. 꼬들꼬들한 무말랭이와
해산물에 향신 채소를 조합하는 룰이지요.

● 묵은지 12장
깻잎 6장
오징어 1마리
김자반 6큰술
무말랭이무침(무말랭이 40g, 고춧가루 1큰술, 조청 2큰술,
까나리액젓 1큰술, 다진 마늘 2작은술)

●● **묵은지** 깨끗이 씻어 물기를 꼭 짠 후 줄기 부분을 자른다.
깻잎 반으로 썬다.
오징어 깨끗이 손질해 끓는 물에 데친 후 손가락 굵기로
썬다.
무말랭이무침 따뜻한 물에 무말랭이를 30분간 불려
물기를 꼭 짠 후 나머지 무침 재료를 넣고 골고루 버무려
2시간 이상 숙성시킨다. 오래 둘수록 맛있다.

Wrap 묵은지 위에 반으로 자른 깻잎을 올린 후
오징어, 무말랭이무침, 김자반을 올려 감싼다.

백김치로 랩
백김치+밥+차돌박이
+부추간장

묵은지보다 염도와 숙성도가 낮은 백김치는 채 썰어
쌈에 넣으면 아삭한 식감을 즐길 수 있어요.
부추간장은 부추 대신 달래, 미나리 등 제철 향신 채소를
대체해 응용해도 좋아요.

● 백김치 12장
밥 1공기
차돌박이 200g
들기름 약간
소금·통깨·후춧가루 약간씩
부추간장(부추 8줄기, 간장 2큰술, 설탕 1작은술, 통깨 1큰술)

●● **백김치** 이파리 부분과 두꺼운 줄기 부분을 나눠 자른 후
물기를 꼭 짠다. 줄기 부분은 굵게 채 썬다.
밥 들기름과 소금, 통깨를 약간씩 넣어 버무린다.
차돌박이 부드럽게 볶은 후 후춧가루를 뿌린다.
부추간장 부추를 송송 썰어 나머지 부추간장 재료와 함께
버무린다.

Wrap 백김치 이파리 위에 채 썬 백김치, 밥, 차돌박이를 올린 후
부추간장을 1작은술씩 올려 돌돌 만다.

묵은지와 치즈

묵은지 + 사과 + 아스파라거스
+ 그라나 파다노 치즈

묵은지의 깊은 맛은 숙성 치즈와 잘 어울려요.
여기에 사과의 산뜻한 맛과 아스파라거스의 프레시한 맛을
더해보세요. 마지막에 올리브 오일을 곁들이면 모든 재료의
맛이 잘 어우러집니다.

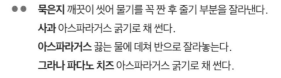

● 묵은지 12장
사과 1개
미니 아스파라거스 24개
그라나 파다노 치즈 70g
올리브 오일 적당량
굵은 후춧가루 약간

●● **묵은지** 깨끗이 씻어 물기를 꼭 짠 후 줄기 부분을 잘라낸다.
사과 아스파라거스 굵기로 채 썬다.
아스파라거스 끓는 물에 데쳐 반으로 잘라놓는다.
그라나 파다노 치즈 아스파라거스 굵기로 채 썬다.

Wrap 묵은지를 깔고 위에 사과, 아스파라거스 2개,
그라나 파다노 치즈를 올린 후 후춧가루를 뿌리고
올리브 오일을 약간 더해 감싼다.

생강절임을 넣어요

백김치 + 루콜라 + 목살
+ 생강절임

루콜라의 향은 생각보다 진해 다른 양념 없이도 돼지고기 잡내를 잘 잡아줘요. 돼지고기와 생강의 어울림은 익히 알려져 있죠. 가볍게 절인 생강절임은 돼지고기, 닭고기가 들어간 쌈에 활용하기 좋아요.

● 백김치 12장
루콜라 40g
돼지고기 목살(구이용) 2장(300g)
마늘 2쪽
생강절임(생강 1톨, 식초 1큰술, 설탕 1큰술, 물 2큰술,
소금 1/4작은술)

● ● **백김치** 두꺼운 줄기 부분은 자르고 물기를 꼭 짠다.
목살 끓는 물에 편으로 썬 마늘을 넣고 목살과 함께 데쳐 손가락 굵기로 썬다.
생강절임 생강은 가늘게 채 썬다. 나머지 절임 재료를 끓인 후 채 썬 생강에 바로 넣고 버무려 30분간 차갑게 재운다.

Wrap 백김치 위에 루콜라, 목살, 생강절임을 올려 감싼다.

고기쌈의 업그레이드

백김치 + 밥 + 부추 + 우삼겹

백김치의 시원하고 새콤한 맛이 우삼겹의 느끼함을 덜어줘요. 백김치의 도톰한 줄기 부분을 넣어 버무린 밥은 씹히는 맛이 식욕을 돋워요.

● 백김치 16장
밥 1공기
부추 10줄기
들기름 1작은술
우삼겹 200g
소금·후춧가루 약간씩

●● **백김치** 이파리 부분과 두꺼운 줄기 부분을 잘라 물기를 짠다. 두꺼운 줄기 부분을 굵게 다진다.
부추 2cm 길이로 송송 썬다.
밥 다진 백김치와 부추, 들기름을 넣고 골고루 섞는다.
우삼겹 소금과 후춧가루를 뿌려 굽는다.

Wrap 백김치 이파리를 깔고, 양념한 밥과 우삼겹을 올린 후 돌돌 만다.

④
만두피와 라이스페이퍼

반숙란으로
라이스페이퍼 + 오이 + 반숙란
+ 호스래디시 마요네즈

두껍게 싸 먹는 월남쌈도 좋지만, 오이와 반숙란만 넣어 간단히 싸면 가벼우면서도 든든해요. 호스래디시 마요네즈의 매콤하고 부드러운 맛이 포인트예요. 갈릭 마요네즈 또는 머스터드를 섞은 마요네즈, 고추냉이와 간장을 섞은 소스도 맛있어요.

● 라이스페이퍼 8장
반숙란 4개
오이 1개
호스래디시 마요네즈 8큰술
실파 · 검은깨 약간씩

●● **오이** 0.3cm 폭으로 슬라이스한다.
반숙란 0.5cm 폭으로 슬라이스한다.
실파 송송 썰어 준비한다.

Wrap 라이스페이퍼를 따뜻한 물에 넣었다 뺀 후 오이와 반숙란을 올리고 호스래디시 마요네즈 1큰술을 바른 다음 접는다. 실파와 검은깨를 뿌린다.

시저샐러드 맛

라이스페이퍼 + 로메인 + 반숙란
+ 안초비 + 크럼블

시저샐러드를 라이스페이퍼로 감싸 먹기 편하게
만들어봤어요. 안초비는 취향에 따라 곱게 다져서 넣거나
드레싱과 섞어 먹어도 괜찮습니다.

● 라이스페이퍼 4장
로메인 1포기
반숙란 2개
안초비 4마리
호스래디시 마요네즈 4큰술
식빵 1/2장
파르메산 치즈 가루 · 굵은 후춧가루 약간씩

● ● **로메인** 깨끗이 씻어 밑동을 잘라 물기를 빼둔다.
반숙란 0.5cm 폭으로 슬라이스한다.
식빵 마른 팬에 약한 불에서 앞뒤로 바삭하게 구운 후
굵게 부숴 크럼블을 만든다.

Wrap 라이스페이퍼를 뜨거운 물에 담았다 뺀 후
로메인, 반숙란, 호스래디시 마요네즈 1큰술,
안초비 1마리를 올린다. 그 위에 식빵 크럼블을 얹고
파르메산 치즈 간 것과 굵은 후춧가루를 뿌려 감싼다.

꼬들꼬들 쌀국수

라이스페이퍼 + 새우 + 버미첼리
+ 래디시 + 양상추

버미첼리를 쌈에 넣으면 꼬들꼬들한 식감이 좋고,
채소만 넣는 것보다 든든해요. 쌈채소류는 무엇이든
넣어도 좋지만, 채소 색의 농도와 조화를 생각해
붉은 채소, 진한 잎, 연한 잎 등을 섞어주면 보기 좋아요.

- 라이스페이퍼 8장
  칵테일 새우 20마리
  베트남 버미첼리 50g
  래디시 2개
  양상추 2장
  라디키오잎 2장
  깻잎 4장
  고수 약간
  땅콩버터 소스(크런치 땅콩버터 4큰술, 간장 2큰술, 물엿 2큰술)

- **칵테일 새우** 끓는 물에 한 번 데친다.
  버미첼리 끓는 물에 30초간 데친 후 체에 밭쳐 물기를 뺀다.
  래디시 도톰하게 슬라이스한다.
  양상추, 라디키오, 깻잎 채 썰어 준비한다.
  땅콩버터 소스 분량의 재료를 골고루 섞는다.

Wrap 라이스페이퍼와 따뜻한 물을 놓고 준비한 모든 채소와
새우, 버미첼리, 땅콩버터 소스를 함께 내 라이스페이퍼를
데우면서 취향껏 싸 먹는다.

명란 듬뿍 튀김 만두
춘권피 + 깻잎 + 아보카도
+ 명란 + 마요네즈

얇은 춘권피에 부드럽고 향긋한 재료를 켜켜이 쌓았어요.
기름을 많이 쓸 필요 없이 자작하게 부어 앞뒤로 돌려가면서
튀기듯 익히세요. 명란은 충분히 넣어야 맛의 밸런스가
좋습니다.

춘권피 12장
깻잎 12장
아보카도 1개
명란(튜브에 담긴 것, 또는 알만 바른 것) 6큰술
마요네즈 6큰술
튀김용 기름 적당량

깻잎 깨끗이 씻어 물기를 뺀다.
아보카도 깨끗이 씻어 웨지 모양으로 썬다.

Wrap   춘권피 위에 깻잎을 놓고 아보카도를 올려서 접고,
명란 1/2큰술과 마요네즈 1/2큰술을 올려서 접는다.
팬에 기름을 넉넉히 두르고 앞뒤로 노릇하게 튀긴다.

닭다리살로 만두

만두피 + 닭다리살 + 생강
+ 양파

생강 향이 은은하게 나는 부드럽고 쫄깃한 닭다리살과
바삭한 만두피의 조화가 매력적입니다. 루콜라는 쌉쌀한
매운맛이 나서 동양 식재료와도 잘 어울려요.

● 만두피 12장
　닭다리살 4개
　마늘 4쪽
　올리브 오일 2큰술
　생강 1/2톨
　양파 1/4개
　파채 50g
　루콜라 10g
　튀김용 기름 적당량
　양념장(간장 1큰술, 식초 1큰술, 설탕 1큰술, 고춧가루 1작은술,
　통깨 1작은술, 송송 썬 실파 1작은술)

● ● **닭다리살** 올리브 오일을 두른 팬에 편으로 썬 마늘과 함께
　골고루 익힌 후 각각 3등분한다.
　생강, 양파 곱게 채 썬다. 생강채는 찬물에 담가 매운맛을
　뺀 후 물기를 뺀다.
　파채, 루콜라 깨끗이 씻어 물기를 뺀다.
　양념장 분량의 재료를 골고루 섞는다.

Wrap 만두피 가운데에 양파채와 생강채를 놓고
　닭다리살 1조각과 편으로 썬 마늘을 올린 후 양옆을 접어
　돌돌 만다. 180℃ 기름에서 겉이 노릇해지도록 튀긴다.
　파채, 루콜라, 양념장을 곁들여 낸다.

초간단 만두소
만두피 + 콜리플라워 라이스
+ 새우 + 부추

만두소를 만드는 것은 번거로운 일이죠.
콜리플라워 라이스를 활용하면 손쉽게 해결돼요.
튀길 때는 만두피가 겹쳐진 가운데 부분도 기름이 잘 닿아
고루 익을 수 있도록 젓가락으로 틈을 벌려주세요.

● 만두피 12장
　콜리플라워 라이스 1컵
　칵테일 새우 36개
　부추 4줄
　칠리소스 4큰술
　튀김용 기름 적당량
　소금 · 후춧가루 약간씩

● ● **콜리플라워** 라이스 전자레인지에 따뜻하게 데운다.
　　부추 송송 썬다.

Wrap　만두피 위에 콜리플라워 라이스를 놓고 새우 3마리와
　　　부추를 올린 후 소금과 후춧가루를 뿌린다.
　　　만두피의 양옆을 접어 돌돌 만 후 가운데 부분에 젓가락을
　　　넣어 공간을 살짝 띄워준다. 175℃ 기름에서 5~8분 정도
　　　노릇하게 튀긴 후 체에 밭쳐 기름을 뺀다.
　　　칠리소스를 곁들여 낸다.

중식 볶음 맛

춘권피 + 피망 + 팽이버섯
+ 죽순새우볶음

중식 볶음을 춘권피 안에 넣어 간단하게 먹도록
만들었어요. 굴소스의 감칠맛이 포인트지만
간장과 설탕으로 대신해도 되고, 고추기름에 볶거나
청양고추를 더해도 좋아요. 아이에게 준다면 케첩으로
볶아보세요.

● 춘권피 12장
빨강 · 파랑 피망 1/2개씩
팽이버섯 1/8봉
올리브 오일 약간
소금 · 후춧가루 약간씩
고수 약간
튀김용 기름 적당량
죽순새우볶음(죽순 1/4개, 새우 24마리, 굴소스 1큰술,
올리브 오일 1큰술, 굵은 후춧가루 약간)

●● **피망, 팽이버섯** 0.2cm 굵기로 채 썬 후 달군 팬에 올리브
오일을 두르고 소금, 후춧가루를 넣어 볶는다.
죽순새우볶음 죽순은 3cm 폭의 편으로 썰고,
새우와 함께 올리브 오일을 넣은 팬에 볶다가 굴소스,
굵은 후춧가루를 뿌려 마무리한다.

Wrap 춘권피 가운데에 볶은 피망과 팽이버섯, 죽순새우볶음을
올린 후 양쪽 끝을 접어 돌돌 만다.
180℃ 기름에서 겉이 노릇해지게 튀긴다. 고수를 곁들인다.

⑤
크레페와 토르티야

아스파라거스 크레페

크레페 + 아스파라거스
+ 하몽 + 치즈

아삭한 아스파라거스는 부드러운 재료들과 매치할 때
진가를 발휘해요. 특히 미니 아스파라거스는 큰 것보다
덜 단단해서 좋아요. 하몽과 부라타 치즈 대신 잠봉이나
부드럽게 구운 베이컨, 크림치즈나 모차렐라 치즈 등을
취향에 맞춰 조합해보세요.

● 크레페 2장
미니 아스파라거스 12대
하몽 4장
부라타 치즈 2덩이(60g)
올리브 오일 약간
소금 · 후춧가루 약간씩

●● **크레페** 따뜻한 팬에 앞뒤로 데운다.
미니 아스파라거스 올리브 오일을 두른 팬에
소금과 후춧가루를 뿌려 굽는다.

Wrap 크레페 위에 미니 아스파라거스 6대와 하몽 2장을 놓고
부라타 치즈 1덩이를 반으로 갈라 올린 후 접는다.
마지막에 올리브 오일을 살짝 뿌린다.

보들보들한 식감

토르티야＋브리 치즈＋하몽
＋베이비 시금치＋바질 페스토

시판 토르티야와 바질 페스토, 브리 치즈, 하몽 등으로 간단히 만드는 랩이에요. 어린잎 채소를 넣어 싸면 식감이 보들보들해서 부담 없이 먹기 좋아요.

- 호밀 토르티야 2장
  브리 치즈 50g
  하몽 4장
  베이비 시금치잎 10장
  바질 페스토 4큰술

호밀 토르티야 마른 팬에 앞뒤로 노릇하게 굽는다.
브리 치즈 세모 모양으로 썬다.
베이비 시금치잎 씻어서 물기를 뺀다.

Wrap　호밀 토르티야 위에 바질 페스토를 바르고
브리 치즈와 하몽, 베이비 시금치를 올린 후 감싼다.

콩 듬뿍 먹기

토르티야+과카몰리
+버터 빈+토마토

과카몰리는 아보카도를 으깨 양념해도 되지만 간편한
시판 제품도 추천합니다. 버터 빈 같은 통조림이나 병조림
제품을 활용하면 훨씬 간단해집니다.

토르티야 4장
로메인 8장
과카몰리 6큰술
사워크림 6큰술
버터 빈(캔) 8큰술
방울토마토 8개
고수 적당량
라임 2개
소금·후춧가루 약간씩

토르티야 마른 팬에 앞뒤로 노릇하게 굽는다.
버터 빈 물기를 빼 준비한다.
방울토마토 반으로 자른다.
라임 즙을 낸다.

Wrap 토르티야 위에 로메인 2장을 깔고 과카몰리와 사워크림,
버터 빈, 토마토를 올린다. 소금, 후춧가루, 라임즙을
뿌리고 고수를 올린 후 토르티야를 돌돌 만다.

냉털 토르티야

토르티야 + 채소볶음
+ 요구르트 마늘 소스

냉장고에 있는 어떤 채소도 볶아서
요구르트 소스만 곁들이면 만들 수 있는 토르티야예요.
볶은 채소 대신 생샐러드 채소를 넣어 신선하게 즐겨도
요구르트 마늘 소스와 아주 잘 어우러집니다.

- 토르티야 4장
  가지 1개
  양송이버섯 4개
  양파 1개
  야생 루콜라 20g
  소금·굵은 후춧가루 약간씩
  올리브 오일 적당량
  요구르트 마늘 소스(플레인 요구르트 4큰술, 다진 마늘 2큰술,
  얇게 벗긴 레몬 껍질(레몬 제스트) 1개분, 레몬즙 1/2개분)

토르티야 달군 팬에 앞뒤로 노릇하게 굽는다.
가지 반으로 잘라 어슷하게 썰어 소금, 후춧가루를 뿌린 후
올리브 오일을 두른 팬에 볶는다.
양송이버섯 편으로 썰어 소금, 후춧가루를 뿌린 후
올리브 오일을 두른 팬에 볶는다.
양파 도톰하게 링으로 썰어 소금, 후춧가루를 뿌린 후
올리브 오일을 두른 팬에 볶는다.
요구르트 마늘 소스 분량의 재료를 모두 골고루 섞는다.

Wrap 토르티야 위에 요구르트 마늘 소스를 2큰술 얹는다.
볶은 채소들과 루콜라를 올린 후 올리브 오일을 살짝 뿌려
랩한다.

멕시칸 스타일

토르티야 + 닭고기
+ 멕시칸 슈레드 치즈
+ 할라페뇨 + 사워크림

어떤 재료든 든든하게 즐길 수 있게 만들어주는 토르티야는 냉동실에 구비해두고 있으면 두루 활용하기 좋아요. 토르티야에는 아삭한 식감의 재료와 소스를 듬뿍 곁들이는 게 포인트입니다.

토르티야 8장
로메인 1포기
닭가슴살 2개
크러시드 레드 페퍼 약간
소금·굵은 후춧가루 약간씩
멕시칸 슈레드 치즈 4큰술
할라페뇨 슬라이스 1/2컵
사워크림 1/2컵

토르티야 마른 팬에 앞뒤로 노릇하게 굽는다.
로메인 깨끗이 씻어 밑동을 잘라 물기를 빼둔다.
닭가슴살 소금을 넣은 끓는 물에 10~15분간 삶은 후 꺼내어 굵게 찢는다. 크러시드 레드 페퍼와 굵은 후춧가루를 뿌린다.

Wrap 토르티야 위에 로메인을 놓고 닭가슴살과 멕시칸 슈레드 치즈, 할라페뇨를 듬뿍 올린 후 사워크림을 얹어 돌돌 만다.

샌드위치 대신

크레페＋프로슈토＋브리 치즈
＋사과＋루콜라

샌드위치나 토스트용 빵 대신 크레페를 활용하면
속 재료의 맛을 풍부하게 느낄 수 있어요.
크레페는 브런치나 안주로도 유용해요. 와인 안주에는
다른 샐러드 채소를 더해도 되지만, 특유의 매운맛으로
밸런스를 잡아주는 루콜라는 꼭 넣으세요.

● 크레페 2장
프로슈토 4장
브리 치즈 1/2덩이(50g)
사과 1/2개
루콜라 20g
소금 · 후춧가루 약간씩
올리브 오일 2큰술

●● **크레페** 따뜻한 팬에 앞뒤로 데운다.
브리 치즈 웨지 모양으로 자른다.
사과 씨를 제거하고 편으로 썬다.

Wrap 크레페 위에 프로슈토, 브리 치즈, 사과, 루콜라를
듬뿍 올리고 소금, 후춧가루, 올리브 오일을 뿌린 후 접는다.

반숙의 힘
크레페 + 반숙 달걀프라이
+ 자투리 재료들

시판하는 구운 크레페는 데우기만 하면 되니까
무척 간편해요. 자투리 채소를 비롯해 씹히는 식감이 있는
재료들을 볶아서 올려보세요.
이때 반숙 달걀프라이를 넣어야 여러 재료가 부드럽고
고소하게 어우러진다는 것을 잊지 마세요.

크레페 2장
달걀 2개
양송이버섯 4개
양파 1/4개
베이비 시금치 4포기
베이컨 4장
올리브 오일 적당량
크러시드 레드 페퍼 약간
소금 · 굵은 후춧가루 약간씩

크레페 따뜻한 팬에 앞뒤로 데운다.
달걀 반숙으로 프라이한다.
양송이버섯, 양파 버섯은 편으로 썰고, 양파는 채 썬 후
소금과 후춧가루를 뿌려 올리브 오일을 두른 팬에 함께
볶는다.
베이비 시금치 깨끗이 씻어 물기를 뺀다.
베이컨 마른 팬에 바삭하게 굽는다.

Wrap 크레페 위에 달걀프라이 1개를 올린 후 볶은 채소와 시금치,
베이컨 2장을 얹는다. 소금과 후춧가루, 크러시드 레드
페퍼, 올리브 오일을 두른 후 접는다.

접어서 피자

피자 도 + 부라타 치즈
+ 모차렐라 치즈
+ 토마토소스 + 페퍼로니

냉동 피자 도는 냉동실에 두었다가 한 장씩 꺼내어 구우면
돼서 편해요. 피자 도에 각종 재료를 올리고 접으면 먹기
좋지요. 토마토소스 대신 파스타 소스를 활용해도 좋아요.

●
피자 도(지름 25cm) 2장
부라타 치즈 1덩이(50g)
모차렐라 치즈 로그 100g
토마토소스 1/2컵
페퍼로니 슬라이스 12장
파슬리 · 굵은 후춧가루 약간씩

● ●
피자 도 반지름으로 가위집을 낸다.
부라타 치즈 도톰하게 슬라이스한다.
모차렐라 치즈 로그 굵게 찢는다.
파슬리 잎 부분만 다진다.

Wrap
피자 도 위에 1/4은 모차렐라 치즈 로그를 올리고,
1/4은 토마토소스를 바른 다음 페퍼로니 6장을 올리고,
1/4은 토마토소스를 바른 후 부라타 치즈를 올려,
다진 파슬리, 굵은 후춧가루를 뿌린다.
가위집을 낸 부분부터 차례로 접어 185℃로 예열한
오븐에서 18~20분간 굽는다.

⑥
밥이 되는 랩

율무가 톡톡
적근대 + 율무밥 + 두부쌈장

율무의 톡톡 터지는 식감과 두부의 부드러움이 재밌게
어우러져요. 근대는 줄기부터 말아 얇은 잎사귀로 끝을
감싸주세요.

- 적근대 12장
  율무 1컵
  물 1컵
  두부 1/2개
  통깨 약간
  두부쌈장(두부 1/2개, 된장 2큰술, 고추장 2큰술,
  들기름 1큰술, 생강청 1작은술)

- **적근대** 굵은 줄기를 자르고 김이 오른 찜기에 중불로
  2분간 찐다.
  율무 깨끗이 씻어 하룻밤 불린 후 분량의 물을 넣고
  고슬고슬하게 밥을 짓는다.
  두부 납작하게 썰어 끓는 물에 한 번 데친다.
  두부쌈장 두부는 물기를 최대한 짜고, 나머지 재료와
  모두 합해 골고루 섞는다.

Wrap 적근대 위에 두부쌈장 1작은술을 놓고 두부를 올린 후
율무밥을 얹어 감싼 다음 통깨를 뿌린다.

고기엔 할라페뇨
케일 + 채끝살 스테이크
+ 모차렐라 치즈 + 할라페뇨

고기의 깊은 풍미에 고소한 치즈, 깔끔한 할라페뇨의
어울림. 모차렐라 치즈와 할라페뇨만 들어가도 보통
고기쌈과는 또 다른 맛을 즐길 수 있습니다. 할라페뇨의
매운맛이 부담스러우면 오이피클이나 양배추피클로
대체해도 좋아요.

- 케일 16장
  밥 1공기
  쇠고기 채끝살(스테이크용, 두께 2cm) 1장(200g)
  프레시 모차렐라 치즈 1덩이(125g)
  할라페뇨 1/2컵
  소금 · 후춧가루 약간씩

- - **케일** 김이 오른 찜통에 중불로 1분간 찐다.
  채끝살 소금과 후춧가루로 간해 앞뒤로 구운 후 0.5cm
  폭으로 썬다.
  모차렐라 치즈 0.5cm 두께로 썬다.
  밥 소금으로 밑간한다.

Wrap 케일 위에 밥을 얹고 모차렐라 치즈, 채끝살 스테이크,
      할라페뇨를 올린 후 후춧가루를 뿌리고 감싼다.

새콤짭짤 케이퍼롤
로메인 + 밥 + 연어 + 아보카도
+ 케이퍼 + 레몬 제스트

상추보다 식감이 아삭한 로메인은 쌉싸래한 맛도 나서
쌈으로 매력적이에요. 탄탄한 로메인에 부드러운 연어와
아보카도, 새콤짭짤한 케이퍼가 잘 어울립니다.

- 로메인 1포기
  밥 1공기
  생연어회 200g
  오이 1/2개
  아보카도 1/2개
  케이퍼 2큰술
  레몬 1개
  소금 · 후춧가루 약간씩

- **로메인** 깨끗이 씻어 밑동을 잘라 물기를 빼둔다.
  오이 반으로 잘라 어슷썰기한다.
  아보카도 껍질과 씨를 제거하고 어슷썰기한다.
  레몬 껍질은 깨끗이 씻어 필러로 벗겨 제스트를 만들고,
  과육은 즙을 내 연어회에 한 번 뿌린다.

Wrap   로메인 위에 밥을 놓고 소금, 후춧가루를 뿌린 후
연어, 오이, 아보카도, 케이퍼, 레몬 제스트를 얹어 먹는다.

우삼겹과 무생채

아욱+밥+무생채+우삼겹
+고추장

부드럽고 고소한 우삼겹을 매콤하게 양념하면 느끼하지
않게 즐길 수 있습니다. 상큼한 맛을 더한 무생채는 소금에
절여서 물기를 꼭 짜야 부드러우면서도 꼬들꼬들해서
고기와 잘 어울려요.

● 아욱 12장
밥 1공기
들기름 1큰술
소금·통깨 약간씩
우삼겹 200g
고추장 1/2큰술
설탕 1/2큰술
다진 마늘 1큰술
무생채(무 10cm, 소금 1작은술, 고춧가루 1작은술,
사과식초 3큰술, 설탕 2큰술)

●● **아욱** 굵은 줄기는 잘라낸 후 김이 오른 찜기에 중불로
1분간 찐다.
밥 들기름과 소금, 통깨를 넣어 간한다.
우삼겹 달군 팬에 고기를 볶은 후 고추장, 설탕 1/2큰술과
다진 마늘을 넣고 한 번 더 볶는다.
무생채 무는 곱게 채 썰어 분량의 소금과 고춧가루를 넣고
골고루 버무려 30분간 재운 후 물기를 짠다. 사과식초,
설탕 2큰술과 함께 골고루 버무려 30분간 더 재운다.

Wrap 아욱 위에 밥 1큰술을 올리고 무생채 1큰술,
우삼겹 1젓가락을 올려 줄기부터 접어 단단히 감싼다.

곤약 면 해초쌈
쇠미역 + 아삭한 채소 + 깻잎
+ 곤약 면 + 초고추장

쇠미역은 꼬들꼬들한 식감이 매력적인데 아삭한 재료들을
싸 먹으면 입이 더욱 즐거워집니다.
새콤한 맛을 더해주는 초고추장과 매치해보세요.

● 쇠미역 100g
　오이 1개
　양파 1/2개
　깻잎 10장
　고추 2개
　곤약 면 100g
　초고추장(고추장 4큰술, 설탕 2큰술, 사과식초 3큰술)

●● **쇠미역** 소금을 걸어내 씻은 후 찬물에 30분간 담가
　짠기를 빼고 물기를 짠다. 12x8cm 정도의 크기로 자른다.
　오이, 양파, 깻잎 곱게 채 썬다.
　고추 어슷하게 썬다.
　곤약 면 끓는 물에 데친 후 물기를 뺀다.
　초고추장 분량의 고추장, 설탕, 사과식초를 섞는다.

Wrap　쇠미역 위에 준비한 채소와 곤약 면을 올리고
　초고추장을 곁들인다.

나물 듬뿍 김밥
김 + 밥 + 고사리나물
+ 도라지나물 + 멸치볶음

물기가 적은 나물이나 볶음 등 집에 있는 어떤 것을 넣어도 맛이 좋은 '밑반찬' 김밥입니다. 흰밥 대신 보리밥, 찰밥도 어울림이 좋습니다. 속 재료는 씹힐 때 걸리적거리지 않도록 적당한 크기로 잘라 넣으세요.

● 구운 김(김밥용) 2장
밥 1공기
소금 · 참기름 · 통깨 약간씩
고사리나물(고사리 50g, 들기름 1큰술, 다진 마늘 1작은술, 국간장 1작은술)
도라지나물(도라지 50g, 들기름 1큰술, 통깨 1큰술, 소금 약간)
멸치볶음(잔멸치 50g, 슬라이스 아몬드 20g, 물엿 1큰술, 통깨 1작은술)

●● **밥** 소금, 참기름, 통깨를 뿌려 밑간한다.
고사리나물 달군 프라이팬에 들기름을 두른 후 고사리를 넣고 볶다가 다진 마늘, 국간장을 넣는다. 마늘이 익고 간이 배도록 좀 더 볶는다.
도라지나물 소금으로 주무르며 도라지를 씻은 후 달군 프라이팬에 들기름을 넣고 볶다가 투명해지면 통깨를 뿌려 마무리한다.
멸치볶음 잔멸치는 체에 한 번 밭쳐 헹군 후 물기를 뺀다. 마른 팬에 멸치를 바삭하게 볶은 후 아몬드를 넣고 볶다가 마지막에 물엿과 통깨를 넣고 좀 더 볶는다.

Wrap 김은 가로의 반을 가위집 낸 후 밥, 고사리나물, 도라지나물, 멸치볶음을 각각 1/4씩 올린다. 가위집을 낸 부분부터 차례로 접은 다음 랩으로 감싸 반으로 자른다.

스팸과 깻잎의 만남

김 + 밥 + 스팸 + 스크램블드에그
+ 깻잎 + 호스래디시 마요네즈

말지 않고 김을 접어 김밥을 만들어보세요. 정말 쉬워요.
스팸과 달걀의 고전적 조합에 깻잎을 곁들이면 뒷맛이
깔끔해요. 매운맛을 좋아하지 않으면 호스래디시 마요네즈
대신 갈릭 마요네즈를 추천합니다.

● 구운 김(김밥용) 2장
밥 1공기
참기름 1큰술
소금·통깨 약간씩
스팸 1/2통
달걀 4개
깻잎 8장
호스래디시 마요네즈 2큰술

●● **밥** 참기름, 소금, 통깨를 뿌려 밑간한다.
스팸 0.5cm 폭으로 납작하게 썰어 앞뒤로 노릇하고
겉면이 바삭하게 굽는다.
달걀 곱게 풀어 소금 간해 스크램블드에그를 만든다.
깻잎 0.3cm폭으로 채 썰어 호스래디시 마요네즈와
골고루 버무린다.

Wrap 김은 가로의 반을 가위집 낸 후 밥, 스팸, 스크램블드에그,
깻잎을 각각 1/4씩 올린다. 가위집을 낸 부분부터 차례로
접은 다음 랩으로 감싸 반으로 자른다.

⑦
술과 함께

너무 쉬운 와인 안주
라이스페이퍼 + 사과
+ 파르메산 치즈 + 호두 + 후추

사과, 파르메산 치즈, 호두의 조합은 베스트 와인 안주죠.
즉, 함께 싸 먹어도 맛 보장입니다. 마지막에 올리브 오일
을 뿌리면 재료의 맛이 더 잘 어우러집니다.

라이스페이퍼 4장
사과 1/2개
오이 1/2개
파르메산 치즈 50g
호두 20개
올리브 오일 적당량
소금 · 굵은 후춧가루 약간씩

사과 씨를 제거한 후 굵게 채 썬다.
오이, 파르메산 치즈 사과와 비슷한 크기로 굵게 채 썬다.
호두 마른 팬에 노릇하게 볶는다.

Wrap 라이스페이퍼를 따뜻한 물에 담갔다 뺀 후
준비한 재료를 골고루 놓고 소금과 굵은 후춧가루,
올리브 오일을 뿌린 다음 돌돌 만다.

달콤한 근대의 맛

근대＋목살＋라디키오
＋청양고추＋케이퍼

케이퍼의 짭짤하고 새콤한 맛과 라디키오의 쌉쌀한 맛이
목살과 잘 어우러집니다. 근대는 부드러우면서 달콤한 맛이
있어 이 재료들과 어울림이 좋아요.

● 근대 10장
목살(구이용) 2장(200g)
라디키오 4장
케이퍼 4큰술
청양고추 2개
소금·후춧가루 약간씩

●● **근대** 두꺼운 심지 부분을 제거한 후 김이 오른 찜기에
중불로 2분간 찐다.
목살 소금, 후춧가루로 밑간해 구워 먹기 좋은 크기로
자른다.
라디키오 2cm 폭으로 썬다.
청양고추 송송 썬다.

Wrap 근대 위에 라디키오, 목살, 케이퍼, 청양고추를 올려
감싼다.

온갖 채소 볶아서
피자 도 + 버섯볶음 + 양파볶음
 + 베이컨 + 크림소스

볶은 채소라면 무엇이든 넣을 수 있어요.
부드러운 맛의 크림소스가 들어가니까 토핑 재료는
식감이 생기도록 쫄깃하고 아삭하게 볶으세요.

● 피자 도 2장
모차렐라 치즈 로그 100g
베이컨 4장
파스타 크림소스 4큰술
크러시드 레드 페퍼 약간
파슬리 약간
버섯볶음(맛타리버섯 100g, 양송이버섯 4개, 올리브 오일 약간,
소금·후춧가루 약간씩)
양파볶음(양파 1/2개, 올리브 오일 약간, 소금·후춧가루 약간씩)

●● **피자 도** 반지름으로 가위집을 낸다.
모차렐라 치즈 로그 0.5cm 폭으로 썬다.
베이컨 마른 팬에 앞뒤로 노릇하게 구운 후 굵게 썬다.
파슬리 잎 부분만 다진다.
버섯볶음 맛타리버섯은 3cm 길이로 썰고, 양송이버섯은
편으로 썬 후 올리브 오일을 두른 팬에 소금, 후춧가루를
뿌려 볶는다.
양파볶음 양파는 굵게 채 썰어, 올리브 오일을 두른 팬에서
소금, 후춧가루를 뿌리고 갈색빛이 날 때까지 오래도록
볶는다.

Wrap 피자 도에 1/4은 모차렐라 치즈 로그를 놓고 1/4은
양파볶음과 그 위에 버섯볶음을 올리고, 1/4은 크림소스를
발라 버섯볶음을 올리고, 1/4에는 볶은 베이컨과 크러시드
레드페퍼를 올린다. 전체적으로 다진 파슬리를 뿌려
가위집을 낸 부분부터 차례로 접은 후 185℃로 예열한
오븐에서 18~20분간 굽는다.

단짠단짠 술안주
배추 + 귀리밥 + 소시지
+ 스리라차 소스

부드러운 배추의 단맛이 소시지의 짭짤한 맛을 '단짠'의
조화로 잘 받아줘요. 톡톡 터지면서도 꼬들꼬들한
귀리로 짠맛을 덜고, 스리라차 케첩과 마요네즈를 섞은
소스로 새콤달콤 고소한 맛을 더해요.

- 배춧잎 8장
  귀리 1/2컵
  물 1/2컵
  소시지 8개
  스리라차 케첩 2큰술
  마요네즈 2큰술
  실파 1대

- ● **배춧잎** 김이 오른 찜기에 4분간 찐다.
  귀리 깨끗이 씻어 하룻밤 불린 후 분량의 물을 붓고
  부드럽게 밥을 짓는다.
  소시지 칼집을 내 볶아놓는다.
  실파 송송 썬다.

Wrap 배춧잎 위에 귀리밥을 얇게 깐 후 소시지 1개를 올리고
      돌돌 말아 감싼다. 스리라차 케첩과 마요네즈를 섞어 그릇에
      담은 후 실파를 뿌려 소스로 낸다.

다시마에도 간장을

다시마 + 배추
+ 우엉유부조림

다시마 쌈은 보통 초고추장을 곁들이지만, 간장을 더하면 다른 재료의 풍미를 더 진하게 느낄 수 있어요. 아삭한 배추를 곁들이면 다시마 특유의 미끌미끌한 맛을 보완할 수 있답니다.

● 쌈 다시마 100g
배춧잎 2장
우엉유부조림(우엉채 100g, 유부 4장, 간장 5큰술, 설탕 5큰술, 물 1/2컵, 올리브 오일·통깨 약간씩)

●● **쌈 다시마** 소금을 걷어내고 씻은 후 찬물에 30분간 담가 짠기를 뺀다. 건져서 물기를 짠 다음 10X10cm(손바닥 정도) 크기로 자른다.
배춧잎 채 썬다.
우엉유부조림 우엉은 5cm 길이로 썰고, 유부는 채 썬다. 우엉과 유부를 올리브 오일을 두른 팬에 우엉이 반투명해질 때까지 볶다가 분량의 간장, 설탕, 물을 넣고 끓인다. 끓기 시작하면 약한 불에서 맛이 배도록 조린 후 통깨를 뿌린다.

Wrap 쌈 다시마 위에 우엉유부조림과 배춧잎을 올려 먹는다.

일식 스타일로

김＋참치회＋오이
＋양상추＋생강

색깔의 조화를 고려해 다양한 채소를 넣으면 보기 좋아요.
래디시 대신 적양파, 라디키오 등을 넣어도 맛있고,
생강은 초생강으로 대신해도 좋습니다.

● 구운 김 2장
  밥 1공기
  냉동 참치 200g
  오이 1개
  양상추 2장
  생강 3cm
  청양고추 2개
  래디시 1개
  참치 양념(간장 1큰술, 설탕 1작은술, 맛술 1작은술)
  생강 양념(식초 1큰술, 설탕 1작은술, 소금 약간)

●● **냉동 참치** 냉장고에서 하룻밤 해동해 먹기 좋은 크기로
  썬다. 참치 양념 재료를 골고루 섞어 먹기 직전에 한 번
  뿌린다.
  오이, 양상추 가늘게 채 썬다.
  생강 얇게 편으로 썰어 분량의 생강 양념에 재운다.
  고추, 래디시 송송 썬다.

Wrap 밥을 한 김 식혀 먹기 좋게 손질한 참치와 채소, 김을
      함께 내 싸 먹는다.

상큼한 봄의 맛

봄동 + 부라타 치즈 + 안초비
+ 선드라이드 토마토 + 바질

안초비와 선드라이드 토마토의 감칠맛, 부라타 치즈의
고소하고 크리미한 맛, 바질의 향긋한 풍미에 이른 봄의
봄동이 상큼하게 어우러져요.
마지막에 레몬 제스트와 레몬즙, 올리브 오일을 더하면
더욱 맛깔나게 완성됩니다.

봄동 10장
부라타 치즈 1덩이(50g)
안초비 20마리
선드라이드 토마토 1컵
바질잎 20장
레몬 1개
올리브 오일 적당량

봄동 김이 오른 찜통에 중불로 1분간 찐다.
부라타 치즈 손가락 굵기로 썬다.
레몬 깨끗이 씻어 반은 필러로 껍질을 벗겨 제스트를
만들고, 반은 즙을 낸다.

Wrap 봄동 위에 부라타 치즈, 안초비 2마리,
선드라이드 토마토 4개, 바질잎을 올린 후 돌돌 만다.
레몬 제스트와 레몬즙을 뿌리고 올리브 오일을 두른다.

감칠맛 듬뿍
배추 + 베이컨 + 올리브
+ 호스래디시 마요네즈

배추의 줄기 부분은 촉촉하면서도 아삭한 식감이 특별해요.
짭짤한 올리브와 베이컨에 배추의 달콤함이 어우러지면
감칠맛이 배가됩니다.

배춧잎 8장
베이컨 16장
올리브 1/4컵
루콜라 30g
로메인 8장
호스래디시 마요네즈 8큰술
파르메산 치즈 가루 약간

배춧잎 김이 오른 찜기에 중불로 3분간 찐다.
베이컨 바삭하게 굽는다.
루콜라, 로메인 모두 깨끗이 씻고 로메인은 굵게 채 썬다.

Wrap 배추 위에 호스래디시 마요네즈 1큰술을 바르고
베이컨 2장을 길게 올린다. 올리브와 루콜라, 로메인 1장을
얹고 파르메산 치즈 가루를 뿌린 다음 감싼다.

디저트

누텔라와 바나나

페이스트리 파이 + 누텔라
+ 바나나 + 라즈베리잼

토스트로 많이 즐기는 누텔라와 바나나의 조합은
페이스트리 파이와도 잘 어울려요. 여기에 새콤달콤한
라즈베리잼을 더하면 한층 다채로운 맛을 즐길 수 있지요.
새콤한 맛이 덜한 잼을 쓴다면 레몬 제스트를 추가하세요.

● 페이스트리 파이 생지 1장
누텔라 4큰술
바나나 1개
라즈베리잼 2큰술
달걀물(달걀노른자 1개, 물 2큰술)

●● **페이스트리 파이 생지** 두께가 반 정도 되도록 밀대로 민 후
12X16cm 크기로 2장을 만든다.
바나나 0.5cm 폭으로 어슷하게 썬다.
달걀물 분량의 재료를 골고루 섞는다.

Wrap 페이스트리 파이 생지 가운데에 대각선으로 누텔라를 듬뿍
바르고, 그 위에 바나나를 얹은 후 라즈베리잼을 올린다.
대각선 좌우 끝을 각각 가운데로 접어 붙인 후 달걀물을
발라 185℃로 예열한 오븐에서 15~20분간 굽는다.

브리 치즈와 견과류

페이스트리 파이 + 브리 치즈
+ 견과류 + 메이플 시럽

따뜻할 때 더 맛있는 브리 치즈와 견과류의 조합이에요.
미리 만들어두었다면 먹기 직전에 따뜻하게 데우세요.
치즈가 부드러워야 더 맛있거든요.

● 페이스트리 파이 생지 1장
　 브리 치즈 1/2덩이
　 다진 호두 3큰술
　 다진 아몬드 3큰술
　 메이플 시럽 3큰술
　 달걀물(달걀노른자 1개, 물 2큰술)

●● **페이스트리 파이 생지** 두께가 반 정도 되도록 밀대로 민 후
　 16X16cm 크기로 2장을 만든다.
　 브리 치즈 0.5cm폭으로 썬다.
　 다진 호두, 다진 아몬드 마른 팬에 노릇하게 볶다가
　 약한 불에서 메이플 시럽을 넣고 끈적지도록 조린다.
　 달걀물 분량의 재료를 골고루 섞는다.

Wrap　페이스트리 파이 생지 가운데에 브리 치즈를 깐 후
　　　조린 견과류를 올리고 편지 봉투 모양으로 접은 다음
　　　달걀물을 바른다. 185℃로 예열한 오븐에서 15~20분간
　　　굽는다.

밥이 되는 파이

페이스트리 파이 + 하몽
+ 모차렐라 치즈 + 바질

식사 대용으로 아주 좋을 만큼 든든하게 즐길 수 있는
페이스트리 랩이에요. 생바질 대신 바질 페스토를 넣어
만들어도 좋습니다.

- 페이스트리 파이 생지 1장
  하몽 4장
  프레시 모차렐라 치즈 1덩이(125g)
  바질잎 8장
  올리브 오일 약간
  후춧가루 약간
  달걀물(달걀 노른자 1개, 물 2큰술)

●● **페이스트리 파이 생지** 두께가 반 정도 되도록 밀대로 민 후
16X16cm 크기로 2장을 만든다.
모차렐라 치즈 도톰하게 슬라이스한다.
달걀물 분량의 재료를 골고루 섞는다.

Wrap 페이스트리 파이 생지 가운데에 하몽 2장과 모차렐라 치즈,
바질 4장을 차례로 올린 후 후춧가루를 뿌리고 올리브 오일을
한 번 두른다. 생지를 위쪽이 덮이도록 접은 후 달걀물을
바르고 185℃로 예열한 오븐에서 15~20분간 굽는다.

아이스크림 크레페

크레페 + 아이스크림 + 오렌지
+ 자몽 + 바질

고소한 크레페, 상큼한 시트러스 계열의 과일,
시원한 아이스크림의 조화.
손쉽게 폼 나는 디저트를 만들 수 있어요.
게다가 아이스크림을 예쁘게 뜨지 않아도 된답니다.

- 크레페 2장
  자몽 1/2개
  오렌지 1/2개
  바닐라 아이스크림 4스쿠프
  바질잎 8장
  소금 · 후춧가루 약간씩
  올리브 오일 약간

●● **크레페** 따뜻한 팬에 앞뒤로 데운다.
자몽, 오렌지 과육만 발라낸다.

Wrap　크레페 위에 아이스크림 2스쿠프를 떠 놓고 자몽과 오렌지
과육을 올린 후 소금, 후춧가루, 올리브 오일을 뿌린 다음
바질 4장을 얹어 접는다.

단짠단짠 디저트

페이스트리 파이 + 사과조림
+ 올리브

달콤한 사과조림과 짭짤한 올리브. '단짠단짠'의 조화가
의외로 세련된 맛을 내요. 파이 안에 넣어 즐기면 고소한
맛이 전체를 더 어우러지게 만들어줍니다.

● 페이스트리 파이 생지 1장
　사과 1개
　설탕 2큰술
　올리브 슬라이스 1/4컵
　버터 1큰술
　달걀물(달걀노른자 1개, 물 2큰술)

●● **페이스트리 파이 생지** 두께가 반 정도 되도록 밀대로 민 후
　16X16cm 크기로 2장을 만든다.
　사과 웨지 모양으로 썰어 씨를 제거한 후 분량의 설탕에
　골고루 버무려 30분간 재운다. 물기가 약간 생기면 은근한
　불에서 조린다.
　달걀물 분량의 재료를 골고루 섞는다.

Wrap　페이스트리 파이 생지 안쪽에 버터를 1/2큰술 바른 후
　사과조림과 올리브를 놓고 위쪽을 오므려 주머니 형태로
　모양을 잡는다. 달걀물을 바르고 185℃로 예열한 오븐에서
　15~20분간 굽는다.

Index

164

랩 랩

초판 1쇄 발행 2023년 6월 12일

지은이	문인영
펴낸곳	브레드
책임 편집	이나래
교정·교열	전남희
요리 어시스턴트	권민경, 이도화
사진	516 Studio 김잔듸
디자인	JADUJADU
일러스트	원새록
마케팅	김태정
인쇄	(주)상지사 P&B

출판 신고 2017년 6월 8일 제2017-000113호

주소 서울시 중구 퇴계로 41길 39 703호

전화 02-6242-9516 | 팩스 02-6280-9517 | 이메일 breadbook.info@gmail.com

b.read 브.레드는 라이프스타일 출판사입니다. 생활, 미식, 공간, 환경, 여가 등
개인의 일상을 살피고 삶을 풍요롭게 하는 이야기를 담습니다.